全国计算机技术与软件专业技术资格(水平)考试用书

网络工程师考试大纲

工业和信息化部教育与考试中心 编

清华大学出版社
北京

内 容 简 介

本书是工业和信息化部教育与考试中心编写的网络工程师考试大纲（2024年审定通过）。本书还包括人力资源和社会保障部、工业和信息化部的有关文件以及考试简介。

网络工程师考试大纲是针对全国计算机技术与软件专业技术资格（水平）考试的计算机网络中级资格制定的。通过本考试的考生，可被用人单位择优聘任为工程师。

版权所有，侵权必究。举报：010-62782989，beiqinquan@tup.tsinghua.edu.cn。

图书在版编目(CIP)数据

网络工程师考试大纲 / 工业和信息化部教育与考试中心编.
北京：清华大学出版社，2024. 8. -- (全国计算机技术与软件专业技术资格（水平）考试用书). -- ISBN 978-7-302-66884-8
Ⅰ. TP393-41
中国国家版本馆 CIP 数据核字第 2024DK3518 号

责任编辑： 杨如林
封面设计： 杨玉兰
责任校对： 胡伟民
责任印制： 杨 艳

出版发行： 清华大学出版社
　　　　网　　址：https://www.tup.com.cn, https://www.wqxuetang.com
　　　　地　　址：北京清华大学学研大厦 A 座　　邮　编：100084
　　　　社 总 机：010-83470000　　　　　　　　　邮　购：010-62786544
　　　　投稿与读者服务：010-62776969，c-service@tup.tsinghua.edu.cn
　　　　质量反馈：010-62772015，zhiliang@tup.tsinghua.edu.cn
印 装 者： 大厂回族自治县彩虹印刷有限公司
经　　销： 全国新华书店
开　　本： 130mm×185mm　　**印　张：** 1.125　　**字　数：** 30 千字
版　　次： 2024 年 10 月第 1 版　　　　**印　次：** 2024 年 10 月第 1 次印刷
定　　价： 15.00 元

产品编号：104531-01

前　言

全国计算机技术与软件专业技术资格（水平）考试（以下简称"计算机软件考试"）是国家人力资源和社会保障部、工业和信息化部联合组织实施的专业技术资格考试，其目的是科学、公正地对全国计算机技术与软件专业技术人员进行职业资格和专业技术水平测试。计算机软件考试包括了计算机软件、计算机网络、计算机应用技术、信息系统、信息服务 5 个专业领域，初级资格（技术员/助理工程师）、中级资格（工程师）、高级资格（高级工程师）3 个级别层次以及 27 个专业技术资格。根据信息技术产业发展迅速及信息技术人才年轻化的特点，为了不拘一格选拔人才，报考计算机软件考试不限学历与资历条件。

目前，软件设计师、程序员、网络工程师、数据库系统工程师、系统分析师、系统架构设计师和信息系统项目管理师考试标准实现了中国与日本互认，程序员和软件设计师考试标准实现了中国与韩国互认。

计算机软件考试的考试大纲（考试标准）是由工业和信息化部教育与考试中心组织全国相关企业、研究所、高校的专家，通过调研大量企业的相应专业技术岗位，参考国际先进的考试标准，逐步提炼，反复讨论并达成共识，形成了专业技术人员的知识和能力与岗位相适应的考试标准。

参加计算机软件考试并取得相应级别资格证书，纳入全国专业技术人员职业资格证书制度统一规划，是各用人单位聘用计算机技术与软件专业系列专业技术职务的前提。通过考试获得证书的人员，表明其已具备从事相应专业岗位工作的水平和能力，用人单位可根据工作需要从获得证书的人员中择优聘任相应专业技术职务。取得初级资格可聘任技术员或助理工程师职务；取得中级资格可聘任工程师职务；取得高级资格可聘任高级工程师职务。

计算机软件考试的其他信息详见中国计算机技术职业资格网（www.ruankao.org.cn）。

编 者

2024 年 9 月

目　录

关于印发《计算机技术与软件专业技术资格（水平）考试暂行规定》和《计算机技术与软件专业技术资格（水平）考试实施办法》的通知 1

 计算机技术与软件专业技术资格（水平）考试暂行规定 3

 计算机技术与软件专业技术资格（水平）考试实施办法 7

 计算机技术与软件专业技术资格（水平）考试专业类别、资格名称和级别对应表 10

关于中日信息技术考试标准互认有关事宜的通知 12

关于中韩信息技术考试标准互认的通知 14

网络工程师考试大纲 16

一、考试说明 16

二、考试范围 17

三、题型举例 28

人 事 部
信息产业部 文件

国人部发〔2003〕39号

关于印发《计算机技术与软件专业技术资格（水平）考试暂行规定》和《计算机技术与软件专业技术资格（水平）考试实施办法》的通知

各省、自治区、直辖市人事厅（局）、信息产业厅（局），国务院各部委、各直属机构人事部门，中央管理的企业：

  为适应国家信息化建设的需要，规范计算机技术与软件专业人才评价工作，促进计算机技术与软件专业人才队伍建设，人事部、信息产业部在总结计算机软件专业资格和水平考试实施情况的基础上，重新修订了计算机软件专业资格和水平考试有关规定。现将《计算机技术与软件专业技术资格（水平）考试暂行规定》和《计算机技术与软件专业技术资格（水平）考试实施办法》

印发给你们,请遵照执行。

自 2004 年 1 月 1 日起,人事部、原国务院电子信息系统推广应用办公室发布的《关于印发〈中国计算机软件专业技术资格和水平考试暂行规定〉的通知》(人职发〔1991〕6 号)和人事部《关于非在职人员计算机软件专业技术资格证书发放问题的通知》(人职发〔1994〕9 号)即行废止。

中华人民共和国　　中华人民共和国
　人　事　部　　　信　息　产　业　部

二〇〇三年十月十八日

计算机技术与软件专业技术资格（水平）考试暂行规定

第一条 为适应国家信息化建设的需要，加强计算机技术与软件专业人才队伍建设，促进我国计算机应用技术和软件产业的发展，根据国务院《振兴软件产业行动纲要》以及国家职业资格证书制度的有关规定，制定本规定。

第二条 本规定适用于社会各界从事计算机应用技术、软件、网络、信息系统和信息服务等专业技术工作的人员。

第三条 计算机技术与软件专业技术资格（水平）考试（以下简称计算机专业技术资格（水平）考试），纳入全国专业技术人员职业资格证书制度统一规划。

第四条 计算机专业技术资格（水平）考试工作由人事部、信息产业部共同负责，实行全国统一大纲、统一试题、统一标准、统一证书的考试办法。

第五条 人事部、信息产业部根据国家信息化建设和信息产业市场需求，设置并确定计算机专业技术资格（水平）考试专业类别和资格名称。

计算机专业技术资格（水平）考试级别设置：初级资格、中级资格和高级资格 3 个层次。

第六条 信息产业部负责组织专家拟订考试科目、考试大纲和命题，研究建立考试试题库，组织实施考试工作和统筹规划培训等有关工作。

第七条 人事部负责组织专家审定考试科目、考试大纲和试题，会同信息产业部对考试进行指导、监督、检查，确定合格标准。

第八条 凡遵守中华人民共和国宪法和各项法律，恪守职业道德，具有一定计算机技术应用能力的人员，均可根据本人情况，报名参加相应专业类别、级别的考试。

第九条 计算机专业技术资格（水平）考试合格者，由各省、自治区、直辖市人事部门颁发人事部统一印制，人事部、信息产业部共同用印的《中华人民共和国计算机专业技术资格（水平）证书》。该证书在全国范围有效。

第十条 通过考试并获得相应级别计算机专业技术资格（水平）证书的人员，表明其已具备从事相应专业岗位工作的水平和能力，用人单位可根据《工程技术人员职务试行条例》有关规定和工作需要，从获得计算机专业技术资格（水平）证书的人员中择优聘任相应专业技术职务。

取得初级资格可聘任技术员或助理工程师职务；取

得中级资格可聘任工程师职务；取得高级资格可聘任高级工程师职务。

第十一条 计算机专业技术资格（水平）实施全国统一考试后，不再进行计算机技术与软件相应专业和级别的专业技术职务任职资格评审工作。

第十二条 计算机专业技术资格（水平）证书实行定期登记制度，每3年登记一次。有效期满前，持证者应按有关规定到信息产业部指定的机构办理登记手续。

第十三条 申请登记的人员应具备下列条件：

（一）取得计算机专业技术资格（水平）证书；

（二）职业行为良好，无犯罪记录；

（三）身体健康，能坚持本专业岗位工作；

（四）所在单位考核合格。

再次登记的人员，还应提供接受继续教育或参加业务技术培训的证明。

第十四条 对考试作弊或利用其他手段骗取《中华人民共和国计算机专业技术资格（水平）证书》的人员，一经发现，即行取消其资格，并由发证机关收回证书。

第十五条 获准在中华人民共和国境内就业的外籍人员及港、澳、台地区的专业技术人员，可按照国家有关政策规定和程序，申请参加考试和办理登记。

第十六条 在本规定施行日前，按照《中国计算机软件专业技术资格和水平考试暂行规定》（人职发〔1991〕6号）参加考试并获得人事部印制、人事部和信息产业部共同用印的《中华人民共和国专业技术资格证书》(计算机软件初级程序员、程序员、高级程序员资格)和原中国计算机软件专业技术资格(水平)考试委员会统一印制的《计算机软件专业水平证书》的人员,其资格证书和水平证书继续有效。

第十七条 本规定自 2004 年 1 月 1 日起施行。

计算机技术与软件专业技术资格（水平）考试实施办法

第一条 计算机技术与软件专业技术资格（水平）考试（以下简称计算机专业技术资格（水平）考试）在人事部、信息产业部的领导下进行，两部门共同成立计算机专业技术资格（水平）考试办公室（设在信息产业部），负责计算机专业技术资格（水平）考试实施和日常管理工作。

第二条 信息产业部组织成立计算机专业技术资格（水平）考试专家委员会，负责考试大纲的编写、命题、建立考试试题库。

具体考务工作由信息产业部电子教育中心（原中国计算机软件考试中心）负责。各地考试工作由当地人事行政部门和信息产业行政部门共同组织实施，具体职责分工由各地协商确定。

第三条 计算机专业技术资格（水平）考试原则上每年组织两次，在每年第二季度和第四季度举行。

第四条 根据《计算机技术与软件专业技术资格（水平）考试暂行规定》（以下简称《暂行规定》）第五

条规定，计算机专业技术资格（水平）考试划分为计算机软件、计算机网络、计算机应用技术、信息系统和信息服务 5 个专业类别，并在各专业类别中分设了高、中、初级专业资格考试，详见《计算机技术与软件专业技术资格（水平）考试专业类别、资格名称和级别层次对应表》（附后）。人事部、信息产业部将根据发展需要适时调整专业类别和资格名称。

考生可根据本人情况选择相应专业类别、级别的专业资格（水平）参加考试。

第五条 高级资格设：综合知识、案例分析和论文 3 个科目；中级、初级资格均设：基础知识和应用技术 2 个科目。

第六条 各级别考试均分 2 个半天进行。

高级资格综合知识科目考试时间为 2.5 小时，案例分析科目考试时间为 1.5 小时、论文科目考试时间为 2 小时。

初级和中级资格各科目考试时间均为 2.5 小时。

第七条 计算机专业技术资格（水平）考试根据各级别、各专业特点，采取纸笔、上机或网络等方式进行。

第八条 符合《暂行规定》第八条规定的人员，由本人提出申请，按规定携带身份证明到当地考试管理机构报名，领取准考证。凭准考证、身份证明在指定的时间、地点参加考试。

第九条 考点原则上设在地市级以上城市的大、中专院校或高考定点学校。

中央和国务院各部门所属单位的人员参加考试,实行属地化管理原则。

第十条 坚持考试与培训分开的原则,凡参与考试工作的人员,不得参加考试及与考试有关的培训。

应考人员参加培训坚持自愿的原则。

第十一条 计算机专业技术资格(水平)考试大纲由信息产业部编写和发行。任何单位和个人不得盗用信息产业部名义编写、出版各种考试用书和复习资料。

第十二条 为保证培训工作健康有序进行,由信息产业部统筹规划培训工作。承担计算机专业技术资格(水平)考试培训的机构,应具备师资、场地、设备等条件。

第十三条 计算机专业技术资格(水平)考试、登记、培训及有关项目的收费标准,须经当地价格行政部门核准,并向社会公布,接受群众监督。

第十四条 考务管理工作要严格执行考务工作的有关规章和制度,切实做好试卷的命制、印刷、发送和保管过程中的保密工作,遵守保密制度,严防泄密。

第十五条 加强对考试工作的组织管理,认真执行考试回避制度,严肃考试工作纪律和考场纪律。对弄虚作假等违反考试有关规定者,要依法处理,并追究当事人和有关领导的责任。

附表（已按国人厅发〔2007〕139号文件更新）

计算机技术与软件专业技术资格（水平）考试专业类别、资格名称和级别对应表

资格名称 级别层次 \ 专业类别	计算机软件	计算机网络	计算机应用技术	信息系统	信息服务
高级资格	·信息系统项目管理师 ·系统分析师 ·系统架构设计师 ·网络规划设计师 ·系统规划与管理师				
中级资格	·软件评测师 ·软件设计师 ·软件过程能力评估师	·网络工程师	·多媒体应用设计师 ·嵌入式系统设计师 ·计算机辅助设计师 ·电子商务设计师	·系统集成项目管理工程师 ·信息系统监理师 ·信息安全工程师 ·数据库系统工程师 ·信息系统管理工程师	·计算机硬件工程师 ·信息技术支持工程师
初级资格	·程序员	·网络管理员	·多媒体应用制作技术员 ·电子商务技术员	·信息系统运行管理员	·网页制作员 ·信息处理技术员

主题词：专业技术人员 考试 规定 办法 通知

抄送：党中央各部门、全国人大常委会办公厅、全国政
　　　协办公厅、国务院办公厅、高法院、高检院、解
　　　放军各总部。

人事部办公厅	2003年10月27日印发

全国计算机软件考试办公室文件

软考办〔2005〕1号

关于中日信息技术考试标准互认有关事宜的通知

各地计算机软件考试实施管理机构：

为进一步加强我国信息技术人才培养和选拔的标准化，促进国际间信息技术人才的流动，推动中日两国信息技术的交流与合作，信息产业部电子教育中心与日本信息处理技术人员考试中心，分别受信息产业部、人事部和日本经济产业省委托，就中国计算机技术与软件专业技术资格（水平）考试与日本信息处理技术人员考试（以下简称中日信息技术考试）的考试标准，于2005年3月3日再次签署了《关于中日信息技术考试标准互认的协议》，在2002年签署的互认协议的基础上增加了网络工程师和数据库系统工程师的互认。现就中日信息技术考试标准互认中的有关事宜内容通知如下：

一、中日信息技术考试标准互认的级别如下：

中国的考试级别 （考试大纲）	日本的考试级别 （技能标准）
系统分析师	系统分析师 项目经理 应用系统开发师
软件设计师	软件开发师
网络工程师	网络系统工程师
数据库系统工程师	数据库系统工程师
程序员	基本信息技术师

二、采取灵活多样的方式，加强对中日信息技术考试标准互认的宣传，不断扩大考试规模，培养和选拔更多的信息技术人才，以适应日益增长的社会需求。

三、根据国内外信息技术的迅速发展，继续加强考试标准的研究与更新，提高考试质量，进一步树立考试的品牌。

四、鼓励相关企业以及研究、教育机构，充分利用中日信息技术考试标准互认的新形势，拓宽信息技术领域国际交流合作的渠道，开展多种形式的国际交流与合作活动，发展对日软件出口。

五、以中日互认的考试标准为参考，引导信息技术领域的职业教育、继续教育改革，使其适应新形势下的职业岗位实际工作要求。

二〇〇五年三月八日

全国计算机软件考试办公室文件

软考办〔2006〕2号

关于中韩信息技术考试标准互认的通知

各地计算机软件考试实施管理机构:

为进一步加强我国信息技术人才培养和选拔的标准化,促进国际间信息技术人才的流动,推动中韩两国信息技术的交流与合作,信息产业部电子教育中心与韩国人力资源开发服务中心,分别受中国信息产业部、人事部和韩国信息与通信部委托,就中国计算机技术与软件专业技术资格(水平)考试与韩国信息处理技术人员考试(以下简称中韩信息技术考试)的考试标准,于2006年1月19日签署了《关于中韩信息技术考试标准互认的协议》。现就有关事项通知如下:

一、中韩信息技术考试标准互认的级别如下:

中国的考试级别 (考试大纲)	韩国的考试级别 (技能标准)
软件设计师	信息处理工程师
程序员	信息处理产业工程师

二、应采取灵活多样的方式,加强对中韩信息技术考试标准互认的宣传,不断扩大考试规模,培养和选拔更多的信息技术人才,以适应日益增长的社会需求。

三、应根据国内外信息技术的高速发展,继续加强考试标准的研究与更新,提高考试质量,进一步树立考试的品牌。

四、应鼓励相关企业以及研究、教育机构,充分利用中韩信息技术考试标准互认的新形势,拓宽信息技术领域国际交流与合作的渠道,开展多种形式的国际交流与合作活动。

五、以中韩互认的考试标准为参考,积极引导信息技术领域的职业教育与继续教育改革,使其适应新形势下的职业岗位实际工作要求。

计算机技术与软件专业技术资格(水平)考试办公室
二〇〇六年二月二十八日

网络工程师考试大纲

一、考试说明

1. 考试目标

通过本考试的合格人员能根据应用部门的要求进行网络系统的规划、设计和网络设备的安装与调试工作,能进行网络系统的运行、维护和管理,能高效、可靠、安全地管理网络资源,作为网络专业人员对系统开发进行技术支持和指导,具有工程师的实际工作能力和业务水平,能指导网络管理员从事网络系统的构建和管理工作。

2. 考试要求

(1)熟悉计算机系统、信息系统开发和运行的基础知识;

(2)熟悉数据通信的基础知识;

(3)掌握计算机网络体系结构和网络协议的基本原理;

(4)理解接入网与接入技术,掌握局域网组网技术和网络互联技术,掌握 TCP/IP 协议网络的联网方法和网络应用技术;

(5)掌握网络安全的基础知识、安全机制和安全协议;

(6)熟悉系统安全和数据安全的基础知识和管理规范,熟悉常用安全设备和风险防范技术;

(7)掌握网络管理的基本原理和操作方法;

(8)熟悉网络操作系统的基础知识和常用命令;

(9)熟悉网络系统的故障处置、性能测试和优化技术;

（10）理解网络应用的基本原理和技术；

（11）熟悉计算机网络系统的规划设计和项目管理知识；

（12）掌握与计算机网络有关的标准化知识，了解有关知识产权和互联网的法律法规；

（13）理解网络新技术及其发展趋势；

（14）阅读计算机网络相关的英文资料。

3．考试科目设置及考试方式

（1）网络工程师基础知识，计算机化考试；

（2）网络工程师应用技术，计算机化考试。

二、考 试 范 围

考试科目1：网络工程师基础知识

1．计算机系统知识

  1.1 计算机硬件知识

    1.1.1 计算机组成
- 计算机部件
- 指令系统
- 处理器的性能

    1.1.2 存储器
- 存储介质
- 主存、辅存、缓存（容量与性能）

    1.1.3 输入输出结构和设备
- 中断、DMA、通道、SCSI
- I/O接口
- 输入输出设备类型和特征

1.2 操作系统知识

    1.2.1 基本概念、类型与结构

    1.2.2 网络操作系统和嵌入式操作系统基础知识

1.3 系统管理

    1.3.1 系统配置技术

- 系统架构模式（2层、3层及多层C/S和B/S系统）
- 高可用性系统配置方法

    1.3.2 系统性能及可靠性

2. 系统开发和运行基础知识

2.1 软件工程和项目管理基础知识

- 软件工程基础知识
- 软件开发项目管理基本概念
- 软件开发方法基本概念
- 软件开发工具与环境基础知识
- 软件质量管理基础知识

2.2 程序测试基础知识

- 程序测试的目的、原则、对象、过程与工具
- 黑盒测试与白盒测试方法
- 测试设计和管理

3. 网络技术

3.1 网络体系结构

    3.1.1 网络拓扑结构

    3.1.2 网络分类

- LAN、MAN、WAN
- 接入网、主干网

    3.1.3 ISO OSI/RM

    3.1.4 TCP/IP 参考模型

3.2 TCP/IP 协议
- 应用层协议
- 传输层协议（TCP、UDP）
- 网络层协议（IP、ICMP、ARP）
- 数据链路层协议

3.3 数据通信基础

3.3.1 信道特性

3.3.2 调制和编码
- ASK、FSK、PSK、QPSK
- 抽样定理、PCM
- 编码

3.3.3 传输技术
- 通信方式（单工/半双工/全双工、串行/并行）
- 差错控制
- 同步控制
- 多路复用

3.3.4 传输介质
- 有线介质
- 无线介质

3.3.5 光纤交换网络（EPON、GPON）

3.3.6 物理层

3.4 局域网
- IEEE 802 体系结构
- 以太网
- 网络连接设备
- 高速 LAN 技术
- VLAN

- CSMA/CD

3.5 无线通信网
- 4G、5G 关键技术
- 无线局域网
- 无线个人网

3.6 网络互联和组网技术
- 路由协议、交换技术及配置
- IP 地址规划
- 国产网络互联设备及配置
- 国产交换设备及配置
- 国产接入设备及配置

3.7 因特网与物联网
- 因特网概念
- Internet 应用
- 移动支付
- 物联网技术

3.8 网络操作系统
- 网络操作系统的功能、分类和特点
- Windows 操作系统的基本管理和命令
- 国产 Linux 操作系统的基本管理和命令
- 开源 Linux 操作系统的基础知识
- 开源 Web 服务器和中间件基础知识

3.9 网络管理
- 网络管理的功能域、协议、命令和工具
- 网络故障的诊断、定位和处理

3.10 网络存储技术
- RAID 技术

- 网络存储域类型 DAS、NAS、SAN
- 分布式存储技术

4. **网络安全**
   4.1 安全技术与协议
      4.1.1 密码算法
      - 国产密码算法
      - DES
      - IDEA
      - AES
      - RSA

      4.1.2 安全机制
      - 认证
      - 数字签名
      - 完整性

      4.1.3 安全协议
      4.1.4 病毒防范与入侵检测
   4.2 访问控制技术
   4.3 Web 安全防范技术
   4.4 防火墙、UTM、IDS、IPS、数据库审计、网络行为审计等网络安全设备

5. **网络系统的规划设计**
   5.1 结构化布线系统
   5.2 需求分析和设计
      - 需求分析和管理
      - 逻辑网络设计
      - 网络结构设计
   5.3 项目管理基础知识

- 制订项目计划
- 质量控制计划、管理和评估
- 过程管理(PERT图、甘特图、工作分解结构、进度控制、关键路径)
- 配置管理
- 人员计划和管理
- 文档管理(文档规范、变更管理)
- 成本管理和风险管理

6. 网络新技术

    6.1 6G

    6.2 虚拟化

    6.3 软件定义网络等

    6.4 卫星互联

7. 标准化知识

    7.1 信息系统基础设施标准化

      7.1.1 标准
      - 国际标准(ISO、IEC)与美国国家标准(ANSI)
      - 中国国家标准(GB)
      - 行业标准与企业标准

      7.1.2 安全性标准
      - 信息系统安全措施
      - CC标准
      - BS7799标准

    7.2 标准化组织
      - 国际标准化组织
      - 美国标准化组织
      - 欧洲标准化组织

- 中国国家标准化委员会

8. **信息化基础知识**
   - 全球信息化趋势、国家信息化战略、企业信息化战略和策略
   - 互联网的相关法律、法规知识
   - 个人信息保护规则
   - 远程教育、电子商务、电子政务等基础知识
   - 企业信息资源管理基础知识
   - 知识产权基础知识（保护知识产权有关的法律法规）

9. **计算机专业英语**
   - 具有工程师所要求的英语阅读水平
   - 理解本领域的英语术语

考试科目2：网络工程师应用技术

1. **网络系统分析与设计**

   1.1 网络系统的需求分析

   1.1.1 应用需求分析
   - 应用需求的调研
   - 网络应用的分析

   1.1.2 现有网络系统分析
   - 现有网络系统结构调研
   - 现有网络体系结构分析

   1.1.3 需求分析
   - 功能需求
   - 通信需求
   - 性能需求

- 可靠性需求
- 安全需求
- 维护和运行需求
- 管理需求（管理策略）

1.2 网络系统的设计

1.2.1 技术和产品的调研和评估
- 收集信息
- 采用的技术和产品的比较研究
- 采用的技术和设备的比较要点

1.2.2 网络系统的设计
- 确定协议
- 确定拓扑结构
- 确定连接（链路的通信性能）
- 确定节点（节点的处理能力）
- 确定网络的性能
- 确定可靠性措施
- 确定安全性措施
- 结构化布线系统
- 网络设备的选择与选择标准的制定
- 通信子网的设计
- 资源子网的设计

1.2.3 新网络业务运营计划

1.2.4 设计评审

1.3 网络系统的构建和测试

1.3.1 安装工作

1.3.2 测试和评估

1.3.3 转换到新网络的工作计划

2. 网络系统的运行、维护、管理和评价

2.1 网络系统的运行和维护

2.1.1 用户措施
- 用户管理、用户培训、用户协商

2.1.2 制订维护和升级的策略和计划
- 确定策略
- 设备的编制
- 审查的时间
- 升级的时间

2.1.3 维护和升级的实施
- 外部合同要点
- 内部执行要点

2.1.4 备份与数据恢复
- 数据的存储与处置
- 备份
- 数据恢复

2.1.5 网络系统的配置管理
- 设备管理
- 软件管理
- 网络配置图

2.2 网络系统的管理

2.2.1 网络系统的监视
- 网络管理协议（SNMP、MIB-2、RMON）
- 利用工具监视网络性能
- 利用工具监视网络故障
- 利用工具监视网络安全
- 性能监视的检查点

- 安全监视的检查点

2.2.2 故障恢复分析
- 故障分析要点
- 排除故障要点
- 故障报告撰写要点

2.2.3 系统性能分析
- 系统性能要点

2.2.4 网络安全威胁的防范
- 安全威胁情况分析
- 安全防范和整改措施
- 计算机病毒的防范要点

2.3 网络系统的评价

2.3.1 系统评价
- 系统能力的限制
- 潜在问题的分析
- 系统评价要点

2.3.2 改进系统的建议
- 系统生命周期
- 系统经济效益
- 系统的可扩充性

3. 网络系统实现技术

3.1 网络协议

3.2 可靠性设计
- 硬件高可靠性技术
- 软件高可靠性技术
- 系统维护高可靠性技术

- 容错技术、RAID
- 通信质量 QoS

3.3 网络设施

   3.3.1 交换机和路由器的配置
- 交换机配置
- VLAN 配置
- 路由协议配置
- 广域联网
- STP、RSTP、MSTP
- GRE、MPLS-VPN、VxLAN

   3.3.2 多层交换机功能和机制

   3.3.3 路由控制

3.4 网络应用与服务

   3.4.1 IP 地址
- IPv4、IPv6
- 动态分配和静态分配
- DHCP 服务的原理及配置

   3.4.2 网络接入与服务
- PON 光网络、WLAN、无线广域网接入
- ISP、IDC

3.5 网络安全

   3.5.1 访问控制与防火墙
- ACL 命令
- 过滤规则
- 防火墙配置

   3.5.2 数字证书

3.5.3 VPN 配置

3.5.4 PGP

3.5.5 病毒防护

3.5.6 IDS、IPS、UTM

3.5.7 APT、DDoS 攻击防护

3.5.8 Web 攻击防护

三、题型举例

（一）选择题

ICMP 协议在 IP 网络中起到了差错报告的作用。如果在 IP 数据报的传送过程中，路由器发现网络出现拥塞，则路由器发出 (1) 报文。

(1) A．路由重定向　　　　B．目标不可到达
　　C．源抑制　　　　　　D．超时

（二）问答题

阅读以下说明，回答问题 1 至问题 4，将解答填入答题纸对应的解答栏内。

【说明】

某企业网络拓扑如图 1-1，互联网出口 1 为中国电信，互联网出口 2 为教育网。虚拟化系统、NAS 存储、数据库数据执行每 4 小时增备和每 3 天全备的备份频率，备份到备份磁盘阵列。请结合下图，回答相关问题。

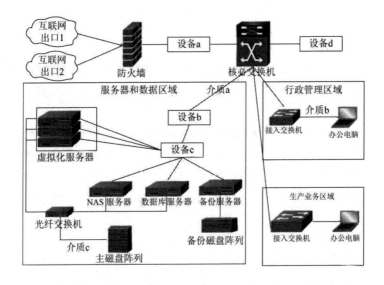

图 1-1

【问题1】

图 1-1 中,设备 a 处应部署____(1)____,设备 b 处应部署____(2)____,设备 c 处应部署____(3)____。

(1)~(3)备选答案:

　A.入侵防御系统(IPS)

　B.交换机

　C.负载均衡

【问题2】

图 1-1 中,介质 a 处应采用____(4)____传输,介质 b 处应采用____(5)____传输,介质 c 处应采用____(6)____传输。

(4)~(6)备选答案:

　A.FC 光纤通道

　B.百兆双绞线

C. 千兆光纤

【问题 3】

图 1-1 中，为提升企业用户的互联网访问速度，实现通过出口 1 访问电信网络资源，通过出口 2 访问教育网资源，则需要配置基于__(7)__地址的策略路由；运行一段时间后，网管发现使用出口 1 的用户超过 90%以上，造成网络访问缓慢，为实现网络流量分流，网管通过配置基于__(8)__地址的策略路由，实现行政管理区域的员工使用出口2，生产业务区域的员工使用出口 1；NAS 服务器、数据库服务器、备份服务器中数据流量最大的是__(9)__。

【问题 4】

图 1-1 中，设备 d 处为 __(10)__ 设备，该设备可对恶意网络行为进行安全检测和分析；__(11)__ 设备可实现边界防护和抗 DDoS 攻击。